图书在版编目（CIP）数据

水果笔记. 百果 / 涵芬楼文化编辑部编著. —北京:商务印书馆, 2018
ISBN 978 - 7 - 100 - 15623 - 3

Ⅰ.①水… Ⅱ.①涵… Ⅲ.①水果—图集
Ⅳ.①S66-64

中国版本图书馆CIP数据核字（2017）第296650号

百果
涵芬楼文化编辑部 编著

商 务 印 书 馆 出 版
（北京王府井大街36号 邮政编码 100710）
商 务 印 书 馆 发 行
山东临沂新华印刷物流集团印刷
ISBN 978 - 7 - 100 - 15623 - 3

2018年2月第1版 开本 787×1092 1/32
2018年2月第1次印刷 印张 7

定价：60.00元

水果笔记　百果

start　　　.　　　.

end　　　.　　　.

吩咐最后的果子充满汁液，

给它们再多两天南方的温暖，

催它们成熟，把最后的

甜味，给予浓烈的酒。

——里尔克

Jan.

Feb.

Mar.

Apr.

May.

June.

July.

Aug.

Sept.

Oct.

Nov.

Dec.

腰果

Bigar

le Couronnée.
冠橙

“红麝香”葡萄

甜瓜栽培品种

Regne végétal.
Fruit du grand annanas du jardin à iseghem, aº 1813.
" l'ananas à feuilles vertes sans épines, et celui à feuilles foncées dites
" ananas noir, n'ont pas le fruit si grand; il y en a bien 9. Espèces "

菠萝

雞心柿

柿子

荔枝

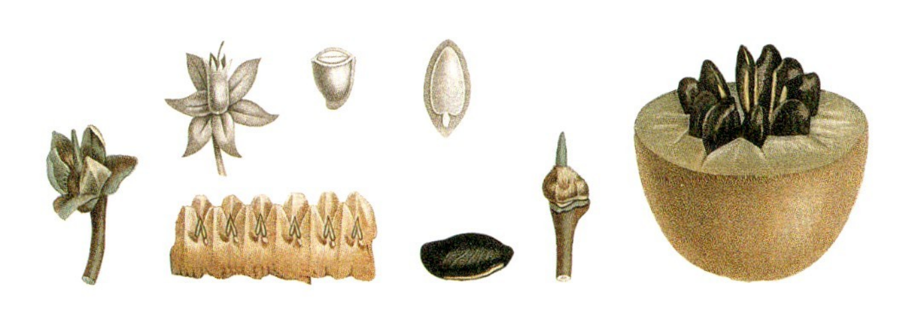

人心果

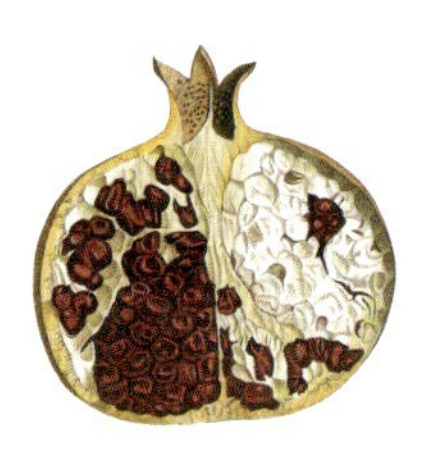

In case of loss, plesase return to: